在成長多元探究系列　●　藝術

透明怪獸來啦！

在成長・幾點創作中心　編

中華教育

我是一隻透明怪獸，你看得見我嗎？

我知道你看不見我，誰都看不見我……

有時候我走在森林裏，會有小動物當着我的面小便。
真是太沒禮貌了！

我躺在草地上，竟然還有人類小孩踢我。
實在是太過分了！

怎麼了？

你才是石頭！

沒事，好像踢到了石頭。

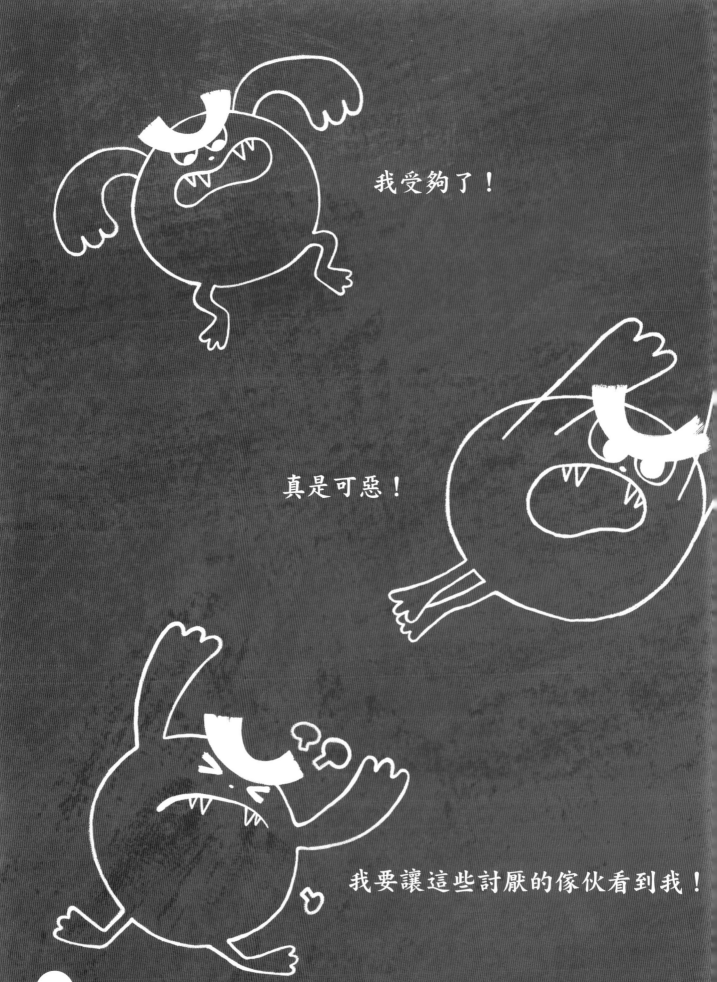

我受夠了！

真是可惡！

我要讓這些討厭的傢伙看到我！

我要讓他們知道我是一隻
可怕的怪！！獸！！！

可是我該怎麼做呢？

讓我想想⋯⋯

咦，這不是剛剛踢我的人類小孩嗎？
嘿嘿，我想到一個好主意。

嗷嗚······

哈哈，嚇到他們了吧！

這個主意真不錯，我準備再去玩點別的。

猜猜我打算怎麼做。

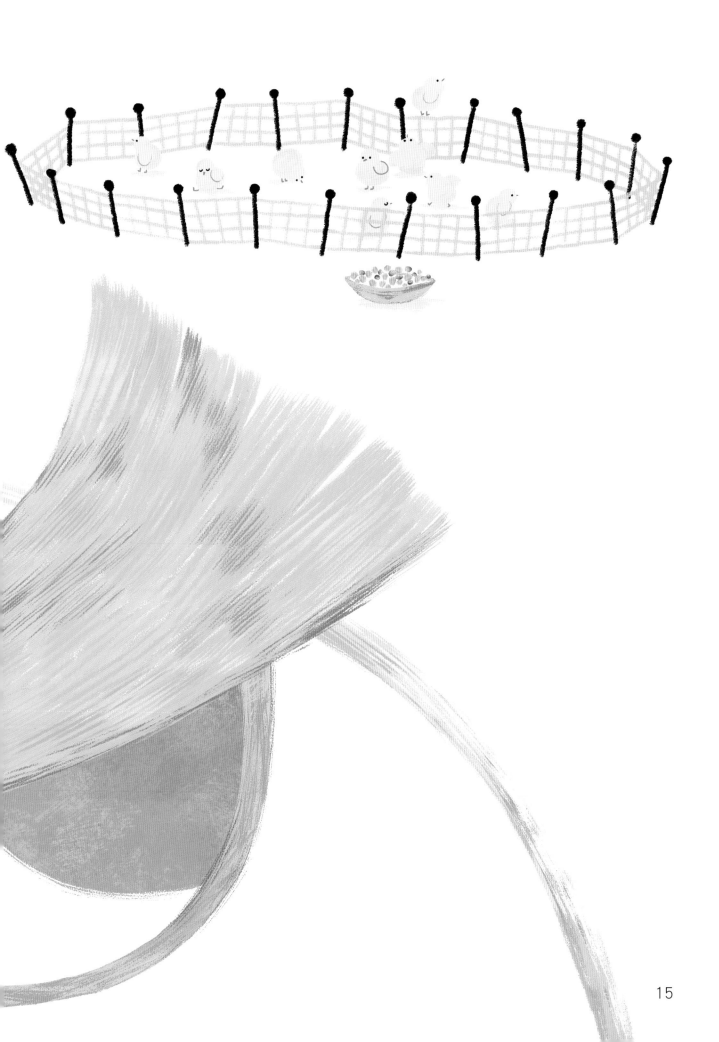

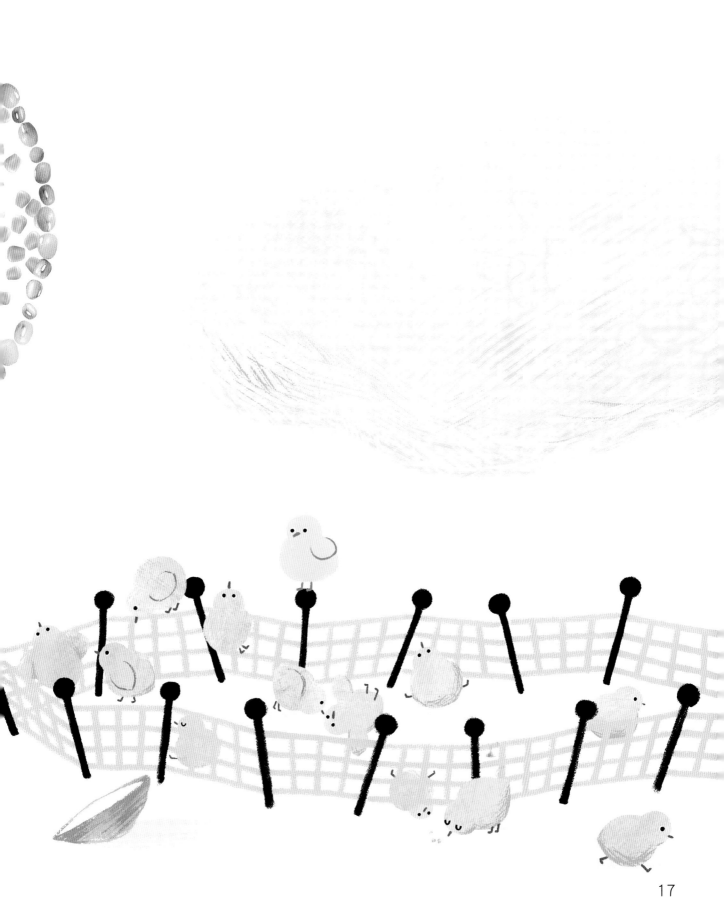

別啄我，好癢，好癢，哈哈哈哈哈哈哈！

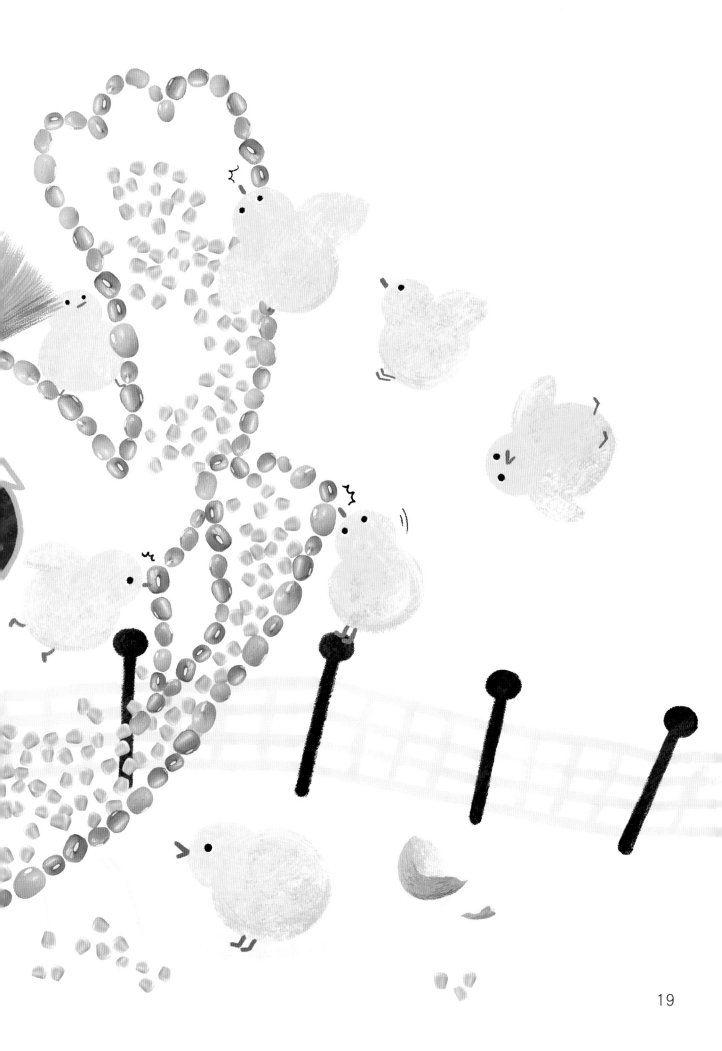

看，我偷拿了小雞的蛋殼。

讓小狗也見識見識我的厲害吧。

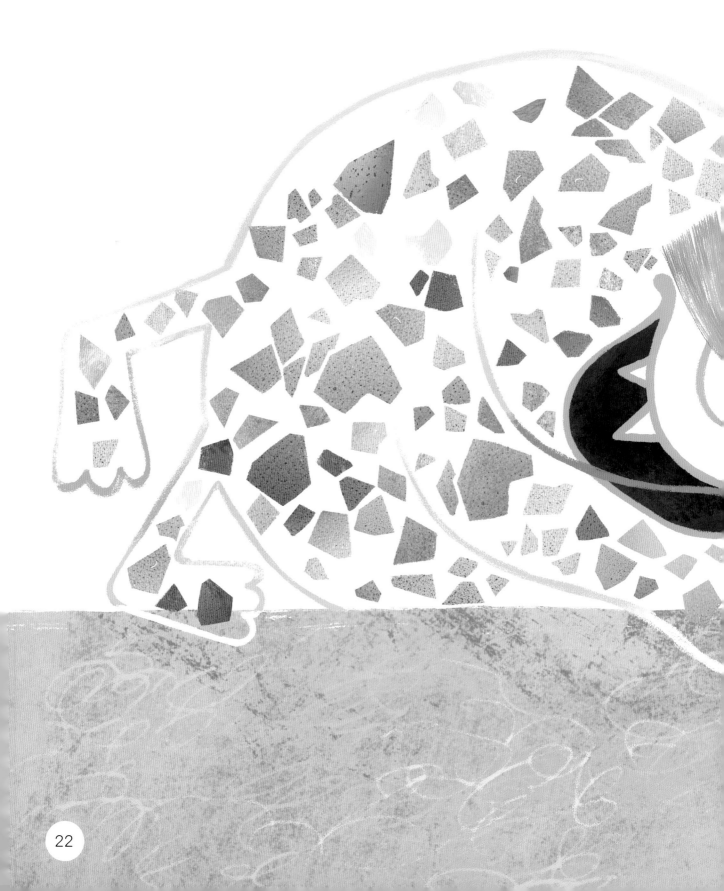

嗚汪……

快鬆開！快鬆開！

原來我可以有這麼多樣子啊。

喵嗚⋯⋯

幹嘛？蠢貓！

34

哇，漂亮的「寶石」！

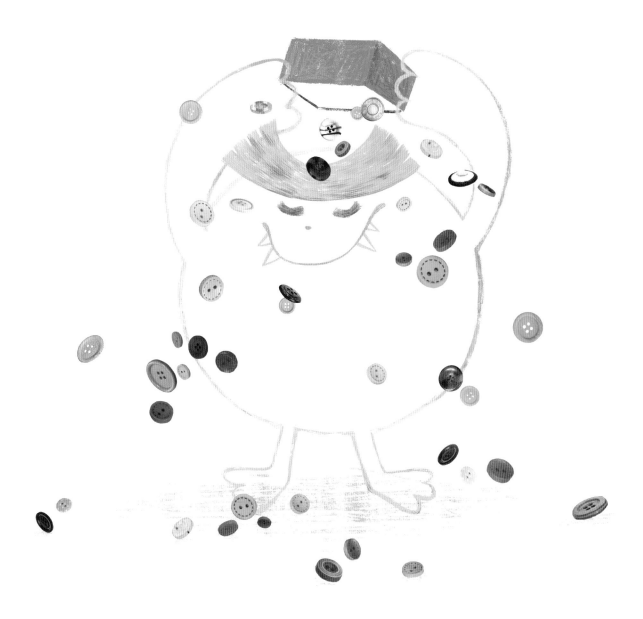

嘎嘎……

可惡，
別搶我的「寶石」！

這些黑強盜！

讓我上去看看。

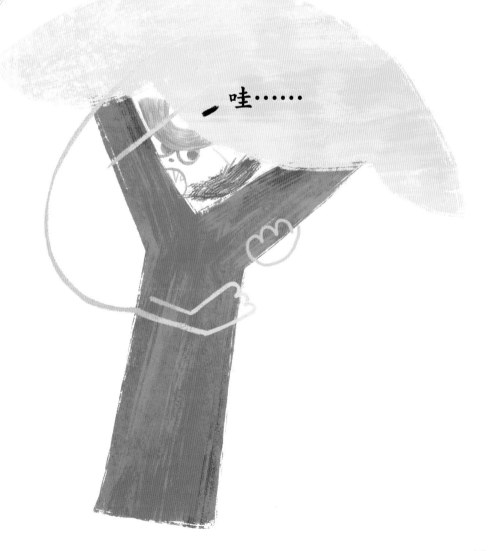

哇……

嘿，我現在有了一個新主意！

快來幫助我變身吧！

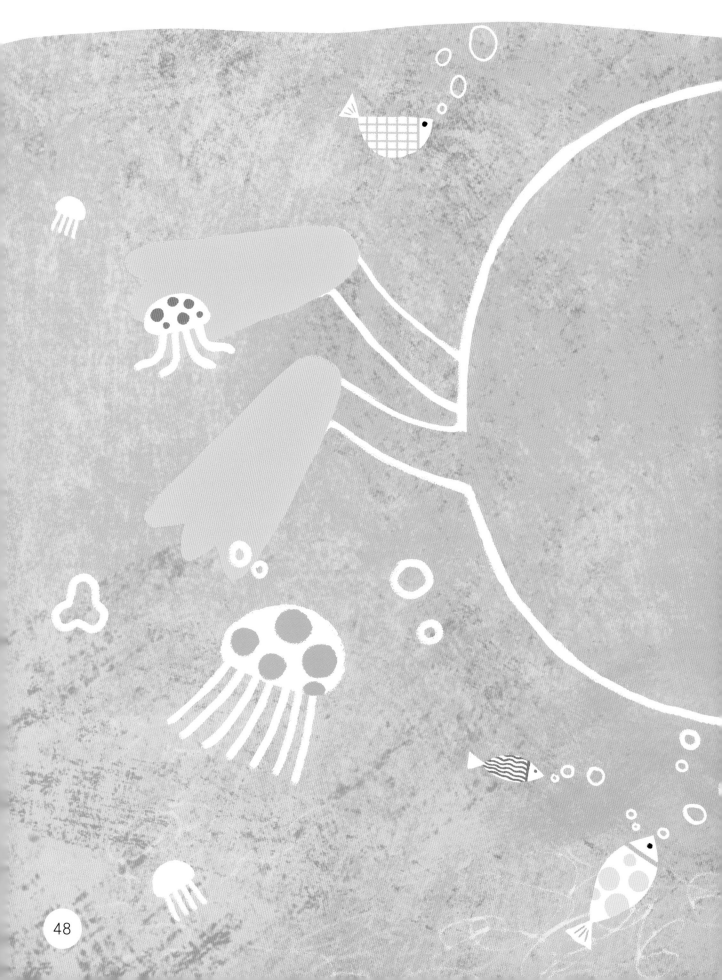

透明怪獸的設計巧思

　　兒童閱讀透明怪獸的故事便能發現，樹葉、蛋殼、豆子、布料、棉花、紙皮、報紙、毛線、鈕扣這些隨處可見的物品，原來也能夠成為創作精美藝術品的材料。

　　在故事最後，以開放式的結局讓兒童意識到，除了書中示範的材料外，生活中還有更豐富的物品可以用在拼貼畫創作中，從而激發兒童想要動手嘗試的慾望，豐富藝術設計的靈感，提升藝術創作的水平。

透明怪獸的百變造型

鈕扣拼貼

樹葉拼貼

報紙拼貼

穀物拼貼

棉花拼貼

布料拼貼

紙皮拼貼

蛋殼拼貼

毛線拼貼